Bibliografische Information der Deutschen Nationalbibliothek:

Die Deutsche Bibliothek verzeichnet diese Publikation in der Deutschen National-
bibliografie; detaillierte bibliografische Daten sind im Internet über http://dnb.d-
nb.de/ abrufbar.

Impressum:

Copyright © 2017 GRIN Verlag
Druck und Bindung: Books on Demand GmbH, Norderstedt Germany
ISBN: 9783668728899

Dieses Buch bei GRIN:

https://www.grin.com/document/429092

Simon Gross

Las Vegas zwischen Wasserknappheit und Massentourismus. Eine Betrachtung der Wasser- und Energieversorgung

GRIN Verlag

<u>Inhaltsverzeichnis</u>

I.   __Einleitung:__

A.   Vom Bahnhof zur Sin City

Las Vegas, schon immer als Zentrum des Glücksspiels bekannt, hebt sich auch durch eine besonders interessante Geschichte von anderen Städten ab. Die Wüstenstadt ist das erste Mal erwähnenswert, als spanische Entdecker auf ihrem Weg durch die Wüste ein Wasserloch fanden. Die unverhältnismäßig grüne Gegend außen herum nannten sie einfach "die Wiesen" - zu Spanisch: "Las Vegas"[1] Obwohl in dem Gebiet zu dieser Zeit noch verschiedene Indianerstämme siedelten, galt der Ort als wichtig für Durchreisende nach Kalifornien. Schließlich wurde Nevada 1864 in den USA als Bundesstaat aufgenommen und Las Vegas Anfang des 20. Jahrhunderts an das Südpazifik Eisenbahn Unternehmen für 55000$ verkauft.[2] Vom 15. Mai 1905 an galt Las Vegas nun als offiziell anerkannt und erhielt 1911 den Status "Stadt". Das charakteristische Glücksspiel war jedoch in Las Vegas nicht immer erlaubt. 1910 gab es ein Verbot dagegen, was von den Bewohnern jedoch nicht ernst genommen und schließlich 1931 wieder aufgehoben wurde. Um diese Zeit begann sich auch das moderne Las Vegas und dessen Beiname "Sin City" (*dt. "Stadt der Sünden"*) zu entwickeln, da in der Wüstenstadt Attraktionen beliebt waren, die in der normalen Gesellschaft als Sünden bezeichnet wurden. Touristen, damals noch hauptsächlich Kalifornier, wurden durch Glückspiel, (in Kalifornien verboten) warmes Klima oder auch durch lockeren Scheidungsgesetze angelockt. Außerdem brachte die Konstruktion des Hoover-Damms viele Arbeiter in die Stadt und versorgte sie mit Wasser und Elektrizität. So schaffte es Las Vegas, die Weltwirtschaftskrise gut zu überstehen. Nach dem zweiten Weltkrieg stieg die organisierte Kriminalität stark an. Die darauf folgenden Schlagzeilen boten ein attraktives Ziel für die Filmindustrie und Las Vegas erreichte in den 1960ern überregionale Bekanntheit. Somit wurden auch die staatlichen Behörden auf die Stadt aufmerksam und ergriffen gemeinsam mit Howard Hughes, der viele kriminelle Hotels und Casinos kaufte, die Initiative. So entwickelte sich Las Vegas zu der Glücksspielmetropole, die wir heute kennen. Durch den Internationalem Verkehrsanschluss des Flughafens und zahlreichen Attraktionen stieg die jährliche Touristenzahl weiter an, und neue Arbeitsstellen lockten weitere Einwohner in die Stadt.

---

[1] Vgl.: (Fuhrmann, 1997, Seite 12)
[2] Vgl.: (Fuhrmann, 1997, Seite 13); (Las Vegas Then & Now, 2017)

B.   Las Vegas Heute

Heute kommen jährlich circa 40 Millionen Touristen im Jahr nach Las Vegas und die Tendenz steigt weiter. (Diagramm 1, Seite 6) Im Vergleich dazu: Das beliebte Reiseziel Mallorca hat "nur" ungefähr 13 Millionen Besucher pro Jahr.[3] Doch bei einem Trip in die Wüstenstadt Las Vegas verschwendet kaum ein Tourist einen Gedanken daran, mit welchen Problemen die Stadt zu kämpfen hat. Hauptsache, das Wasser fließt und die Lichter blinken.

II.   <u>Wasserversorgung</u>

Denkt man heutzutage an dekadente Wasserverschwendung in Gebieten, in denen dies nicht der Fall sein sollte, kommt einem nach Dubai vielleicht schon Las Vegas in den Sinn. Doch die Lage ist lang nicht mehr so prekär wie sie einmal war. Innovative Programme zum Sparen von Wasser, wie die Wasserpolizei, oder extrem wassersparendes Waschen von Hotelbettwäsche sind in der Wüstenstadt überall und alltäglich. Doch gelöst sind die Probleme noch lange nicht und deswegen ist es wichtig darauf ein Auge zu werfen, damit die Stadt noch für zukünftige Generationen bewohnbar bleibt.

A.   Stand des Wasserverbrauchs

1.   Verbrauch durch Touristen

Ein typischer Tourist in einem Hotel verbraucht wesentlich mehr Wasser als zuhause. Doch nicht nur der direkte Verbrauch eines Gastes in einem Hotel muss hier berücksichtigt werden. Suzanne H. Trabia teilt in ihrer Studie über Hotels in Las Vegas den Wasserkonsum in vier Kategorien ein: Der Verbrauch der Menschen in den Räumen, die Bewässerung der Landschaft um das Hotel, die Anlagen außerhalb der Hotelräume (zum Beispiel der Verbrauch der Restauranttoiletten) und die Evaporation der Swimmingpools.[4] Rechnet man diese Faktoren zusammen, kommt man beispielsweise bei dem MGM Grand Hotel zu einem jährlichen Wasserverbrauch von ca. 1,5 Milliarden Liter (alle Einheiten dieser Arbeit wurden für besseres Verständnis auf SI-Einheiten normiert). Das sind ~1 % des ganzen Ammersees für nur ein Hotel.[5] Doch das MGM Grand Hotel ist vergleichsweise noch

---

[3] Vgl.: (Mallorcazeitung, 2017)
[4] Vgl.:(Trabia, 2014, Seite 12, 15)
[5] Vgl.:(Trabia, 2014, Seite 23)

vorbildlich, wenn die Landschaftsgestaltung betrachtet wird. Denn mit einem Drittel Wassersparender Bepflanzung (*eng. xeriscaping*) und ca. 250 millionen Liter jährlich für Bewässerung hat das MGM ungefähr einen vergleichbaren Wert wie die Green Valley Ranch. Diese hat jedoch nur ein Zehntel der Räume.[6] Insgesamt haben die von Suzanne H. Trabia betrachteten 14 Hotels einen Wasserverbrauch von ungefähr 11,5 Milliarden Liter und allein in Las Vegas gibt es mehr als 150.000 Übernachtungsmöglichkeiten in über 500 Hotels.[7] Von den oben erwähnten 11,5 Milliarden Litern werden ca. 8,6 Mrd. l in die Wasserquelle zurückgeschleust. Doch trotzdem werden bei nur 14 Hotels 2,9 Mrd. l Wasser an die Umwelt abgegeben und gehen verloren.[8] Doch mit der Betrachtung der Unterkünfte ist es in Las Vegas noch nicht getan. Schließlich verbraucht ein Mensch während des ganzen Tages aktiv oder passiv Wasser, auch außerhalb seines Hotels. Essenszubereitung und Toilettenspülungen in Restaurants oder die Kühlung der Geschäfte sind nur ein Bruchteil zusätzlichen Faktoren, die zum Teil auf die Touristen entfallen. Doch tatsächlich bilden die Hotels nur einen Anteil von ca. acht Prozent am Wasserverbrauch der Stadt. Vielmehr sind die Haushalte in der Wüstenstadt die wahren Sünder.[9]

2.   Verbrauch durch Haushalte

Diese verbrauchen tatsächlich 65 % des Wassers von Las Vegas. Mit ungefähr 830 Litern pro Tag konsumiert ein durchschnittlicher Haushalt dort über vier Mal so viel Wasser wie in dem nur 670 km entfernten San Francisco. In München liegt der Wert sogar nur bei ca. 130 Liter. Dies ist vor allem auf die heißen Temperaturen in der Wüste und die daraus resultierende intensive Rasenbewässerung zurückzuführen. Denn das Grün vor dem typischen „American–Home" braucht gerundet 70 % des Wassers eines Haushalts. Neben diesen astronomischen Werten wirken die Hotels geradezu vernachlässigbar, doch Touristen und Bürger in Las Vegas stehen in einem direkten Zusammenhang zueinander. Es heißt, jedes Hotelbett schafft im Durchschnitt drei Arbeitsplätze[10] und allgemein sind 44 % der Arbeiter in Süd-Nevada in der Branche Tourismus tätig.[11] Diesen Sachverhalt kann man außerdem

---

[6] Vgl.: (Trabia, 2014, Seite 11, 23)
[7] Vgl.: (ISA-GUIDE, 2014); (Expedia, 2017)
[8] Vgl.:(Trabia, 2014, Seite 35)
[9] Vgl.: (Person, 2015)
[10] Vgl.: (Person, 2015)
[11] Vgl.: (Las Vegas Convetion and Visitor Authority, 2017)

gut an dem Bevölkerungswachstum von Las Vegas erkennen (Diagramm 2:). Vergleicht man diese ab 1970 mit den Touristenzahlen (Diagramm 1) wird deutlich, dass mit dem Zuwachs der Besucher auch die Bevölkerungsanzahl gestiegen ist. Die Stadt war lange die am schnellsten wachsende Großstadt der USA und ist 2017 immer noch das am drittschnellsten wachsende County (Hier: Clark County, vergleichbar mit einem Landkreis in Deutschland) der USA.[12]

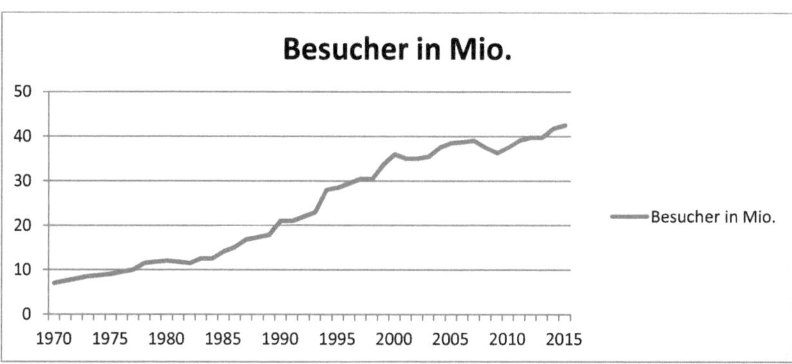

Diagramm 1: Besucher in Mio.

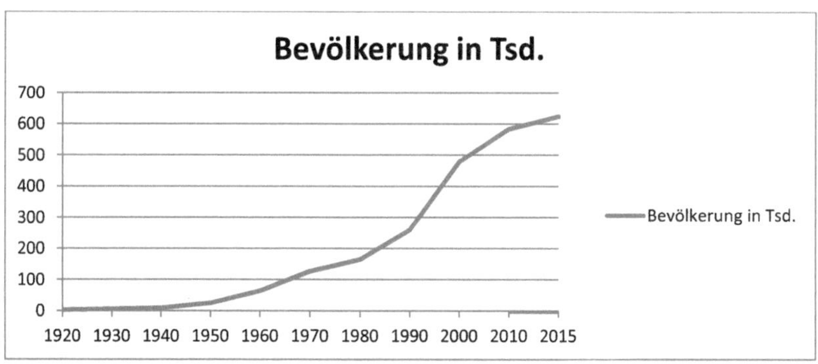

Diagramm 2: Bevölkerung in Tsd.

Aus den oben genannten Gründen folgt, dass der große Anteil des Wasserkonsums der Haushalte trotzdem aufgrund des Massentourismus entsteht, und deswegen die Schuld der Wasserknappheit doch zum größten Teil an den Besuchern liegt.

---

[12] Vgl.: (McNamee, 2017); (Brean, 2017)

B.   Maßnahmen gegen Wasserverschwendung

Um dem mit der Bevölkerung wachsenden Wasserverbrauch entgegenzuwirken, hat die Regierung mehrere verschiedene Programme ins Leben gerufen, um den Verbrauch der Stadt zu minimieren. Die sogenannten „Water-Cops" (*dt. Wasserpolizei*) sind Beamte, die auf Patrouille in den Wohngebieten Las Vegas' unterwegs sind und nach Wasserverschwendern Ausschau halten. Sie kontrollieren, ob die Bewohner die gesetzlichen Vorgaben für Rasenbewässerung einhalten. Beispielsweise darf im Winter nur einmal pro Woche gesprenkelt werden, da es um die Jahreszeit nicht so heiß ist, und es darf kein Wasser vom Grundstück abfließen.[13] Bei Missachtung der Vorschriften werden Geldstrafen von 80 bis 5000 Dollar erhoben, je nachdem wie schwerwiegend und in welcher Häufigkeit die Wasserverschwendung auftritt. Alternativ bietet die Wasserbehörde dort auch Seminare an, die ein Verschwender statt seiner Geldstrafe besuchen kann.[14] Der Staat zahlt des Weiteren eine Provision von bis zu 20 Euro pro Quadratmeter an Bewohner aus, die ihren Rasen durch wassersparende Landschaftsgestaltung wie Wüstenpflanzen ersetzen oder die Bepflanzung ganz entfernen.[15] Zusätzlich darf neuer Rasen nur unter bestimmten Bedingungen angesät werden. Diese hängen von der Anzahl der Bewohner beziehungsweise der Größe des Hauses ab. Sogar die Anzahl der Autowäschen ist in Las Vegas auf einmal pro Woche begrenzt und die benutzte Wassermenge dafür steht ebenfalls unter Vorschrift.[16] Außerdem ist es in Amerika normalerweise üblich, dem Gast in Restaurants Wasser ohne Aufforderung zu bringen, deswegen hat die Süd-Nevada Wasserbehörde ein Projekt namens „Water upon request" (*dt. Wasser auf Nachfrage*) gestartet. Den Restaurantbesuchern wird also nur noch ein Glas Wasser serviert, sollten sie danach fragen.[17] Es ist also offensichtlich, dass auch mit kleineren Projekten Wasser gespart wird. Insgesamt ist die Wasserbehörde in Las Vegas und Umkreis sehr fortschrittlich. Einfach zu verstehende Websites, klare und vernünftige Regulierungen und engagierte Bürger helfen beim Lösen der Wasserproblematik enorm weiter.

Auch die Hotels in der Wüstenstadt sind vorbildliche Wassersparer, nicht nur freiwillig, die Behörden zwingen sie dazu. Jedes neue Hotel in Las Vegas muss

---

[13] Vgl.: (Gelileo, 2014)
[14] Vgl.: (Las Vegas Valley Water District, 2017)
[15] Vgl.: (Gelileo, 2014)
[16] Vgl.: (Las Vegas Valley Water District, 2017)
[17] Vgl.: (Southern Nevada Water Authority, 2017)

aufzeigen können, wie bei ihnen Wasser gespart wird. Dies geschieht beispielsweise durch sogenannte „dual flush toilets", *(dt. dual-Spültoiletten)* die signifikant weniger Wasser verbrauchen, durch wassersparende Duschköpfe, oder Handtücher, die nur auf Nachfrage gereinigt werden.[18] Wasserrecycling ist im Las Vegas-Gebiet auf einem unvergleichbaren Level, denn selbst dekadent und verschwenderisch wirkende Springbrunnen vor dem Bellagio verbrauchen keinen Tropfen, da alles wieder verwendet wird und die Springbrunnen mit Wetterstellen verknüpft sind. Dadurch kann bei Wind die Show angepasst werden und kein Wasser wird aus dem Becken geweht. Um es im Jargon von Las Vegas zu sagen: „The Show must go on!" Auch die tonnenweise Bettwäsche der Hotels wird inzwischen in wassersparenden Wäschereien gewaschen. Durch Recycling und Hochdrucktechnologien wird nur etwa ein Zehntel so viel Wasser verbraucht wie in herkömmlichen Einrichtungen.[19] Alles in Allem konnte durch diese Sparmaßnahmen seit 2002 (Anfang der Dürre; siehe D.1) der Wasserverbrauch in Süd-Nevada um 39 % verringert werden, obwohl 540.000 neue Bewohner zugezogen sind.[20]

C.   Wasserquellen von Las Vegas

Doch wo kommen die Milliarden Liter Wasser eigentlich her? Neben lokalen Grundwasserquellen bezieht Las Vegas 90 % des verbrauchten Wassers aus dem Lake Mead. Ein in den 1930er angelegter Stausee etwa 40 km östlich von Las Vegas. Er einer der größten Stauseen der Welt, und wird von dem Colorado River aus den Rocky Mountains gespeist. Er hat mit etwa 38 km^3 nahezu das Volumen des Bodensees, der größte See Deutschlands. Der Colorado River zählt zu den am besten organisierten Flüssen der Welt. Das heißt, jeder Abschnitt, den der Fluss hinter sich legt, ist genau geplant. Die sieben weiteren Durchflussstaaten (Colorado, Wyoming, Utah, New Mexico, Arizona, Nevada und Kaliforinen) plus Nord-Mexiko haben sich bereits Anfang des 20. Jahrhunderts auf eine Regelung der Wasserentnahme geeinigt. Das geschah aufgrund dem damals zu erwartenden Bevölkerungswachstum für die Staaten am Unterlauf des Flusses wie beispielsweise Arizona und Nevada. Diese waren besorgt um zukünftige Wasserrechte und

---

[18] Vgl.: (Byrne, 2014)
[19] Vgl.: (Gelileo, 2014)
[20] Vgl.: (Southern Nevada Water Authority (2), 2017)

bestanden deshalb auf klare Regelungen für die Wasserentnahme.[21] Daraus ergab sich 1922 folgende Verteilung:

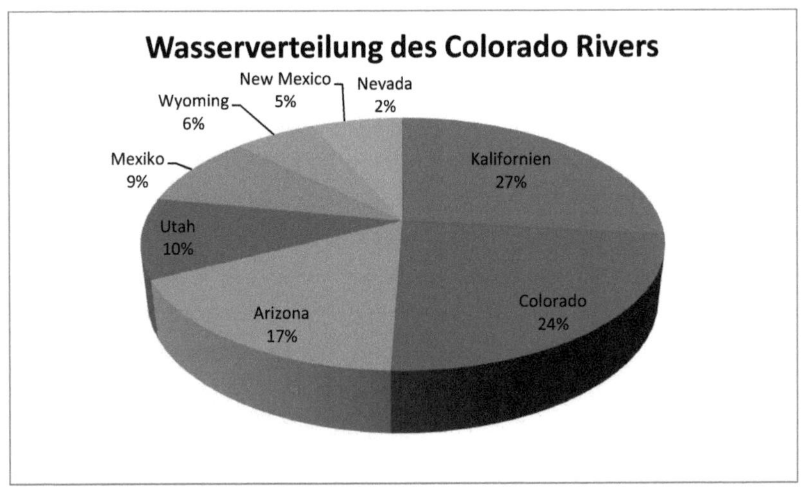

Diagramm 3: Verteilung des Colorado Rivers

Wie man hier sieht (Diagramm 3) hat Nevada mit 0,37 km^3 den kleinsten Anteil, obwohl die Bevölkerung höher ist als in New Mexico und Wyoming. Das liegt vor allem daran, dass Nevada sich nur einen kurzen Abschnitt des Flusses an der Südost-Grenze mit Arizona teilt (Karte 2, Anhang). Doch dieser kurze Teil des Flusses ist die Versorgungsgrundlage für Las Vegas und genau diese Stadt erwartet in den kommenden Jahren starken Bevölkerungsanstieg, wodurch die 0,37 km^3 nicht ausreichen könnten und Sparmaßnahmen noch intensiver durchgesetzt werden müssten. Um das Limit überschreiten zu können, muss geklärtes Abwasser über den sogenannten „Las Vegas Wash" (ein anthropogener Fluss, der Abwasser aus Las Vegas in den Lake Mead zurückführt)[22] in den See zurückgespeist werden, dann kann auch mehr Wasser entnommen werden. Doch das Problem an der Regelung ist nicht die Verteilung an sich, sondern dass die jährliche verteilte Wassermenge auf Daten aus den extrem Wasserreichen Jahrzehnten vor 1922 basiert. Das führte bis jetzt zu keinem Problem, da die Staaten ihre Limits nie erreicht haben, jedoch ändert sich das in Zukunft aufgrund der Dürre in den USA, die dort seit etwa 15 Jahren

---

[21] Vgl. (National Park Service, Source of Water, 2017)
    Vgl. (National Park Service, Sharing the River, 2017)
[22] Vgl. (Las Vegas Wash Coordination Commitee, 2017)

herrscht (D.1). Tatsächlich liegt die eigentliche Abflussmenge des Colorado Rivers inzwischen bei ungefähr 15 km³ statt 20 km³ pro Jahr, also nur bei 75 %. Dies führt zu Streitigkeiten zwischen den Staaten oder auch zwischen Mexiko und der USA.[23] An dieser heiklen Situation sind jedoch nicht die Staaten oder die Organisation schuld, sonder der Colorado River führt schlicht und einfach zu wenig Wasser, um die hohe Einwohnerzahl zu versorgen.

D.   Gründe der Wasserknappheit

1.   Dürre in den USA

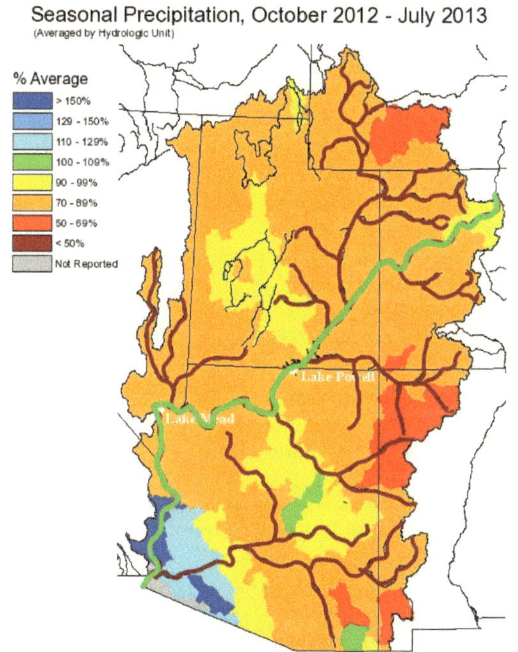

Karte 1: Trockenheit im Colorado River System

Bei der unverhältnismäßigen Trockenheit, die den Westen der USA heimsucht handelt es sich um eine Dürre, die schon seit der Jahrtausendwende ihren Lauf nimmt. Auf dieser Karte (Karte 1, In Weinrot: Zuflüsse, In Grün: Hauptstrom des Colorado Rivers) der West-USA kann man die Trockenheitswerte zwischen 2012 und 2013 erkennen. Man sieht, dass vor allem die Quellgebiete der größten Zuflüsse des

---

[23] Vgl. (National Park Service, Sharing the River, 2017)

Colorado Rivers noch stark betroffen sind. An dem Diagramm (Diagramm 5, Anhang) erkennt man außerdem die Ausmaße der Dürre seit der Jahrtausendwende. Diese hatte enorme Folge für den Stausee, denn „selbst ein wasserreiches Jahr wie 2011 kann 16 Jahre Trockenheit nicht ungeschehen machen" (Davis, 2017, übersetzt)[24]

## 2.	Auswirkungen auf den Lake Mead

Der See ist inzwischen nur noch zu 38 % gefüllt. Das entspricht 44 Meter unter der vollen Kapazität. Aufgrund dessen wurde 2015 der sogenannte dritte Strohhalm (*eng. „Third Straw"*) am tiefsten Punkt des Sees fertiggestellt um die Versorgung der Stadt zu gewährleisten, denn die erste Wasserentnahme-Pumpe liegt bereits trocken, und die zweite ist nur noch knapp unter dem jetzigen Wasserspiegel.[25] Erkennbar ist die niedrige Wasseroberfläche an dem sogenannten „Badewannen-Ring" (Abbildung 2/3, Anhang), der aufgrund der im Wasser erhaltenen Mineralien entsteht und jetzt sichtbar wird. Der sinkende Wasserspiegel hat außerdem zur Folge, dass Wassersportler aufgrund mangelnder aktueller Tiefenkarten der Gefahr ausgesetzt sind, auf Grund zu laufen. Diese enorme Wasserknappheit in den ganzen Weststaaten Amerikas hat im Moment noch keine gravierenden Folgen, da der Stausee eben genau aus dem Grund angelegt wurde um, solche Dürreperioden zu überstehen. Doch Wissenschaftler rechnen damit, dass die geringen Niederschläge seit der Jahrtausendwende in ungefähr 15 Jahren zur Normalität werden. Das heißt, ein heutiger durchschnittlicher Jahresniederschlag wird in Zukunft als besonders feuchtes Jahr bezeichnet werden. Begründet wird dies durch den Klimawandel, das Schmelzen der Polkappen und die daraus resultierenden unregelmäßig veränderten Meeresströmungen (El Niño-Phänomen), die den Winterniederschlag im Westen der USA stark verringern.[26]

Hier lässt sich auch eine Brücke zum Massentourismus schlagen, denn Langstreckenflüge wie zum Beispiel von Europa nach Las Vegas sind eine enorme Belastung für die Umwelt und mitverantwortlich für das Schmelzen der Polkappen. Das heißt, eine Stadt, die auf dem Tourismus aufgebaut ist, ist dadurch

---

[24] Vgl.: (Masters, 2013)
 Vgl.: (National Park Service, Drought, 2017)
[25] Vgl.: (National Park Service, The Third Straw, 2017)
 Vgl.: (National Park Service, Drought, 2017)
[26] Vgl.: (Masters, 2013)

mitverantwortlich an dem Klimawandel, der in Zukunft mit großer Wahrscheinlichkeit massive Probleme genau in diese Stadt bringen wird.

III.   <u>Energieversorgung</u>

Neben dem großen Problem der Wasserversorgung in Las Vegas ist jedoch der Energieverbrauch der Stadt auch ein wichtiges Thema, das in einem nicht zu vernachlässigenden Zusammenhang mit dem Wasserkonsum steht. Denn was wäre die leuchtende Wüstenmetropole ohne ihre charakteristischen, grell blinkenden Casinos und Hotels? Oder ohne energieintensive Wasserbehandlung und Transport.

A.   Stand der Stromversorgung

1.   Energieverbrauch der Touristen

Auf die ganze Metropole Las Vegas entfällt ein jährlicher Energieverbrauch von etwa 193,3 Terrawattstunden oder 23 Milliarden Tonnen Steinkohle.[27] Davon entfällt mit ca. 20 % ein deutlich höherer Anteil auf die Touristen als beim Wasserkonsum.[28] Das ist vor Allem darauf zurückzuführen, dass die Hotels ihren verbrauchten Strom im Gegensatz zum Wasser nicht recyceln können. Da die Werte des Stromverbraus der Unterkünfte in Las Vegas nicht öffentlich zugänglich sind wird im Folgenden der Energieverbrauch der Touristen in den Hotels auf dem Las Vegas Strip (die Hauptstraße der Stadt mit der höchsten Hotel-/ Casinodichte) überschlagen:

Laut der Zeitschrift Hotelbau verbrauchen Hotels in ganz Europa durchschnittlich 136 kWh/Jahr*m^2 für Klimatisierung und 72 kWh/Jahr*m^2 für Strom in ihren Hotelräumen (normiert auf die Nettogrundfläche). Da die Durchschnittstemperatur in Las Vegas jedoch deutlich stärker von der Zimmertemperatur abweicht als in Europa, wird nun ein Verbrauch von 200 kWh/Jahr*m^2 für Klimatisierung angenommen. Außerdem wird aufgrund der enormen Beleuchtung ein Wert von 100 kWh/Jahr*m^2 für Energieverbrauch benutzt. Pro Übernachtung rechnet Hotelbau außerdem mit 28 kWh für Klimatisierung und 12 kWh für Strom.[29] Diese Werte werden ebenfalls aufgrund der Las-Vegas-Faktoren auf 50 kWh und 20 kWh aufgerundet. Auf dem Strip befinden sich derzeit 29 geöffnete Hotels mit insgesamt 84932 Hotelzimmern

---

[27] Vgl.: (Southwest Energy Efficiency Project, 2016)
[28] Vgl.: (Beckett, 2017)
[29] Vgl. (hotel+energie, 2015)

und einer durchschnittlichen Auslastung von 91,6 %.[30] Ein Hotelraum in Las Vegas ist außerdem im Durchschnitt kleiner als ein normales Hotelzimmer in den USA, welches etwa 30m^2 Fläche misst, da dort sogenannte Mega Resorts (*dt. „Mega-Hotels"*), die nur darauf spezialisiert sind möglichst viele Gäste zu geringen Preisen unterzubringen, vorherrschen. Außerdem werden neue Hotelräume in den USA immer kleiner und in Las Vegas befinden sich unverhältnismäßig viele neue Hotels.[31] Also wird hier statt den 30m^2 eine Fläche von 20m^2 angenommen. Da jedoch laut der Zeitschrift der Verbrauch auf die Nettogrundfläche normiert wurde, werden pro Raum noch 5m^2 addiert, um diese Abweichung auszugleichen. Nun ergibt sich folgende Rechnung.

*(84932$_{Hotelräume}$ * 20 m^2 + 84932$_{Hotelräume}$ * 5 m^2$_{Flächenausgleich}$) * (200 kWh/Jahr*m^2 + 100 kWh/Jahr*m^2) + 84932$_{Hotelräume}$ * 90,5 %$_{Auslastung}$ * 366 Übernachtungen/Jahr* (50 kWh + 20 kWh) = 2606231845 kWh/Jahr bzw. 2,6 tWh.* [32]

Nach dieser Rechnung entspricht das einem Wert von ca. 1,3 % des Energieverbrauchs von Las Vegas. Doch natürlich gibt es auch bei der Stromversorgung viele zusätzliche Faktoren, die ebenfalls berücksichtigt werden müssen, um auf den vorhin angegebenen Anteil von 20 % zu kommen. Beispielsweise der Transport bzw. die Behandlung des Wassers in Las Vegas hat auch einen bedeutenden Anteil am Energieverbrauch der Hotels, da sie trotz ihrer guten Recyclingmethoden einen hohen Wasserumschlag haben, der viel Energie kostet. Zusätzlich wurden in der Rechnung nur Hotels des Las Vegas Strips behandelt. Die stripfernen Hotels wären also noch hinzuzufügen.

2. Energieverbrauch durch andere Einrichtungen

Die Haushalte in Nevada sind hier im Gegensatz zum Wasserverbrauch nicht die Hauptsünder. Mit einem Anteil von 25 % am gesamten Energiekonsum ist der Wert durchaus akzeptabel. Die hohen Anteile des Stromverbrauchs haben tatsächlich das Industrie und Transportwesen mit 57 %.[33] Hier spielt auch wieder die Wasserversorgung eine Rolle, denn vom Lake Mead zur Stadt sind es 235

---

[30] Vgl. (Wikipedia, List of Las Vegas Strip hotels, 2017)
Vgl. (Las Vegas Convetion and Visitor Authority, 2017), Die Angaben zur Auslastung beziehen sich auf 2016.
[31] Vgl.: (Hotelmarketing, 2015)
[32] Diese Rechnung soll nur in einem groben Überschlag den Stromverbrauch der Hotels aufzeigen;
[33] Vgl.: (Southwest Energy Efficiency Project, 2016)

Höhenmeter und 40 km die das Wasser gepumpt werden muss. Hinzu kommt die energieaufwendige Behandlung des Trinkwassers vor und nach dem Konsum. Außerdem muss in Las Vegas im Sommer jedes Gebäude gekühlt werden, um den Menschen dort eine angenehme Temperatur zu gewährleisten.

B.   Sparmaßnahmen für Energie

Da die Stromversorgung in Las Vegas bei Weitem kein so akutes Problem ist wie die Wasserversorgung, gibt es hier nicht so viele direkte Einsparungen wie zum Beispiel die festgelegten Gießzeiten für den Garten. Vielmehr wird hier versucht, den Stromverbrauch effizienter zu gestalten. Beispielsweise wurden in den Hotels „The Venetian" und „The Palazzo" die Räume zu 100 % mit LED also energiesparender Beleuchtung ausgestattet. Diese sparen bis zu 8 Mio. kWh jährlich.[34] Obwohl ein wassersparender Duschkopf in einer Unterkunft eigentlich nicht direkt Wasser spart, da alles innerhalb der Hotelräume recycelt wird, hilft so eine Art von Duschkopf jedoch die Wasserbehandlungs- und Transportkosten geringer zu halten, und dadurch ebenfalls Energie zu sparen. Außerdem hat die Energieabteilung der USA 2011 die sogenannte „Better Buildings Challenge" in Leben gerufen, die mit Organisationen in den ganzen USA zusammenarbeitet, um Bauwerke effizienter und energiesparender zu konstruieren. Hier wird deutlich, dass die Energieabteilung der USA um Fortschritt bemüht ist. Doch den direkten Stromverbrauch zu verringern ist nicht das primäre Ziel der Stadt. Vielmehr wird versucht die Energie aus grünen Quellen zu beziehen.

C.   Las Vegas als Vorbild für nachhaltige Energie

Las Vegas legt viel Wert auf den Umstieg auf erneuerbare Energien. Beispielsweise wurde Ende 2016 das Ziel erreicht, alle Gemeindegebäude (auch Straßenlichter) der Stadt mit erneuerbaren Energien zu betreiben. Unterdessen arbeitet der Staat Nevada daran, den Anteil von grüner Energie bis 2025 auf 25 % zu erhöhen, im Moment steht dieser bei knapp unter 20 %.[35] Auch die Casinos sehen nicht tatenlos zu, diese installieren eine große Anzahl von Solarpanels auf ihren Dächern, um ihre Energiebilanz zu verbessern. Sogar das berühmte „Welcome to Fabulous Las Vegas" -Schild (Abbildung 1, Anhang) wird als Geste nun mit nachhaltiger Energie betrieben.

---

[34] Vgl.: (Energy Efficiency & Renewable Energy, 2017)
[35] Vgl.: (Munks, 2016)

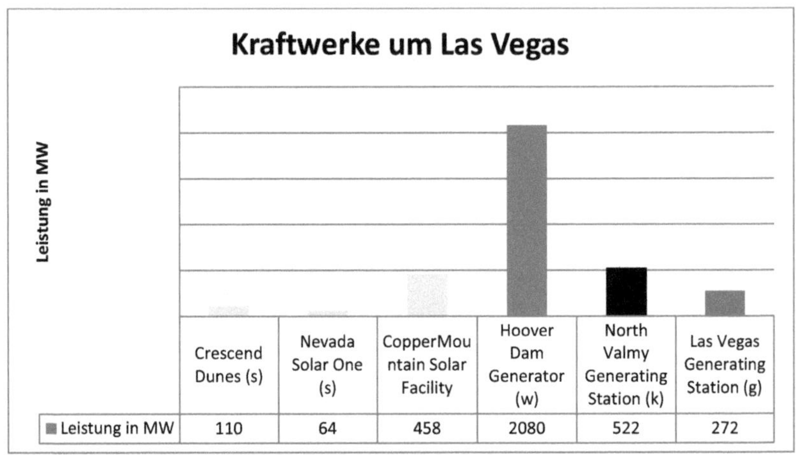

	Crescend Dunes (s)	Nevada Solar One (s)	CopperMountain Solar Facility	Hoover Dam Generator (w)	North Valmy Generating Station (k)	Las Vegas Generating Station (g)
■ Leistung in MW	110	64	458	2080	522	272

Diagramm 4: Kraftwerke um Las Vegas

In Diagramm 4 sieht man im Vergleich ausgewählte Beispiele von Kraftwerken zu Stromerzeugung (s: solar; w: Wasserkraft; k: Kohle; g: Gas). Vergleicht man die Leistungen, so erkennt man, dass der Damm die größte Leistung liefert, was daran liegt, dass hydroelektrische Kraftwerke die leistungsstärksten der Welt sind. Doch auch die Solarkraftwerke von Nevada haben, verglichen mit anderen Solarkraftwerken, eine enorme Leistung, denn diese werden immer moderner und größer, um den wachsenden Energiebedarf mit nachhaltigen Mitteln zu decken. Die umweltfreundlichen Solar- und Wasserkraftwerke können in Las Vegas noch nicht die Kohle und Gaskraftwerke ersetzen, jedoch ist der Anteil bereits hoch, und die Stadt ist auf einem guten Weg zur Nachhaltigkeit. Das gute Image, welches durch Nachhaltigkeit auf eine Stadt geworfen wird, kann vielleicht sogar helfen, in Zukunft noch mehr Touristen anzulocken.

IV.   <u>Auswirkungen auf die Umwelt</u>

Während der Recherche zu dieser Arbeit wurde im Laufe der Zeit klar, dass die Existenz von Las Vegas wenig direkte Auswirkungen auf die Umgebende Natur hat. Stattdessen kämpfen die Stadt und ihre Umgebung viel mehr mit Auswirkungen des allgemeinen, weltweiten Klimawandels, der die Gegend in Form von Wasserknappheit heimsucht. Las Vegas steckt viele Bemühungen in die Bekämpfung dieser Probleme, entscheidend ist jedoch die Frage, ob es diese Stadt an diesem Ort überhaupt geben sollte. Die Idee eine Metropolenregion mit über einer

Millionen Einwohnern mitten in der Wüste und dazu noch abhängig von einem einzigen Flusssystem zu errichten ist objektiv gesehen mehr als fraglich, denn in einer so extremen Anökumene wie der Mojave-Wüste ist der Ressourcenverbrauch durch Menschen äußerst hoch. Trotzdem hat es diese Stadt geschafft, sich durch Image und Einzigartigkeit zu einem Ort zu entwickeln, der auf dem Planeten seinesgleichen sucht. Dies macht die Stadt zu *dem* Ziel für über 40 Mio. Touristen jährlich, die Las Vegas erst zum Leuchten bringen. Deswegen sind die Auswirkungen auf die Umwelt in Las Vegas vielmehr Auswirkungen auf die Einwohner und auf den normalen Lebensstil der Menschen. Ein Bewohner einer heutigen Industrienation ist es gewohnt, seinen Rasen so oft zu bewässern, wie er möchte. Doch eben diese Einschränkungen sind die Auswirkungen, die der Tourismus, die wachsende Bevölkerung und der Klimawandel nach Las Vegas bringen. Dadurch entsteht ein Zwang zur Innovation, der Las Vegas dazu bringt, die erwähnten wassersparenden Technologien zu entwickeln, oder den enormen Energieverbrauch durch grüne Energien zu bewältigen. Dieser innovative Geist, der für die Bewohner von Las Vegas normal ist, hilft dabei, die Wüstenstadt zu einem Vorbild für nachhaltige Ressourcennutzung zu machen. Vielleicht fiel auch das Wahlergebnis bei der Präsidentschaftswahl 2016 in Nevada demokratisch aus, weil die Bewohner dort es sich nicht leisten können, konservativ zu bleiben. Also auch wenn Las Vegas für viele auf den ersten Blick wie eine Metropole der Verschwendung wirkt, ist die Stadt dabei, dieses Image trotz den dekadenten Luxushotels langsam zu verändern. Die Frage bleibt jedoch offen, ob Niederschlagsbedingungen sich wieder bessern, oder ob Las Vegas den Bewohnern den Wasserhahn noch weiter zudrehen muss.

V.   <u>Wasserprobleme bei anderen Touristenzielen</u>

Neben dem Beispiel von Las Vegas kämpfen tatsächlich immer mehr Touristenziele mit Wasserproblemen. Ein vielleicht noch viel extremeres Beispiel dafür ist das Vereinigte Arabische Emirat Dubai. Denn neben dem ebenfalls wüstenhaften Klima gibt es hier eine der größten Skihallen der Welt, in der täglich bei fast 40°C „bis zu 25 Tonnen Schnee"[36] fallen. Doch hier ist die Wasserversorgung anders geregelt: Neben 72 % Grundwasser bezieht Dubai auch 21 % des Wassers mit energieintensiven Entsalzungsanlagen aus dem Ozean.[37] Da es in den Vereinigten

---

[36] Vgl.: (Bendl, 2011)
[37] Vgl.: (Easigrass, 2016)

Arabischen Emiraten viele Ölquellen gibt, werden die Entsalzungsanlagen nicht durch grüne Energien betrieben und belasten somit die Umwelt dort enorm. Doch die Ölreserven des Emirats sind endlich, deswegen versucht Dubai sich durch Tourismus vom Öl unabhängig zu machen.

Auch die beliebte Ferieninsel Bali kämpft mit Wasserproblemen. Hier spielt der Tourismus eine noch viel größere Rolle als in Las Vegas oder Dubai, denn der Massentourismus führt dort zu einer ungerechten Verteilung des Wassers. Die Hotels bzw. die Agrarprodukte für Touristen benutzen mehr Wasser als Einheimische, da der Tourismus mit 80 % Anteil an der Wirtschaft für die Insel von größter Bedeutung ist und als Einkommenszweig nicht verloren gehen darf.[38] „[D]er [Wasser]Zuteilungsprozess [auf Bali führt] immer wieder zu Spannungen und Konflikten zwischen verschiedenen Bedürfnissen und Anspruchsgruppen" (Widiadana, 2013, zitiert Stroma Cole)

VI.   Fazit

Abschließend ist es wichtig zu erkennen welche Probleme Tourismus in wasserarmen Gebieten verursachen kann. Er kann Umweltbelastungen mit sich bringen, wie durch energieintensive Entsalzungsanlagen in Dubai, oder zu Konflikten führen, wie auf Bali. Las Vegas schafft es mit der Wasserknappheit jedoch vergleichsweise gut umzugehen, was auch sicherlich zu einem Großteil an einer aufgeklärten Bevölkerung liegt. Beim Schreiben dieser Arbeit wurde deutlich, dass Las Vegas die Probleme schon weitaus besser gelöst hat als davor angenommen, doch auch hier muss noch viel getan werden, um die Stadt als vollständig nachhaltig bezeichnen zu können. Dass Wasserknappheit auch auf den Klimawandel zurückzuführen ist, rückt den Massentourismus gleich doppelt in ein schlechtes Licht, denn intensiver Wasserverbrauch vor Ort und klimaschädliche Flüge auf dem Weg dorthin haben direkte und indirekte Auswirkungen auf den Wassermangel in Tourismusgebieten. Wer in Las Vegas , Dubai, Bali, etc. Urlaub macht, muss sich im Klaren sein, dass er durch sein Reise- und Konsumverhalten die Hauptverantwortung für die Umweltprobleme in dieser Region trägt.

---

[38] Vgl.: (Widiadana, 2013)

<u>Anhang</u>

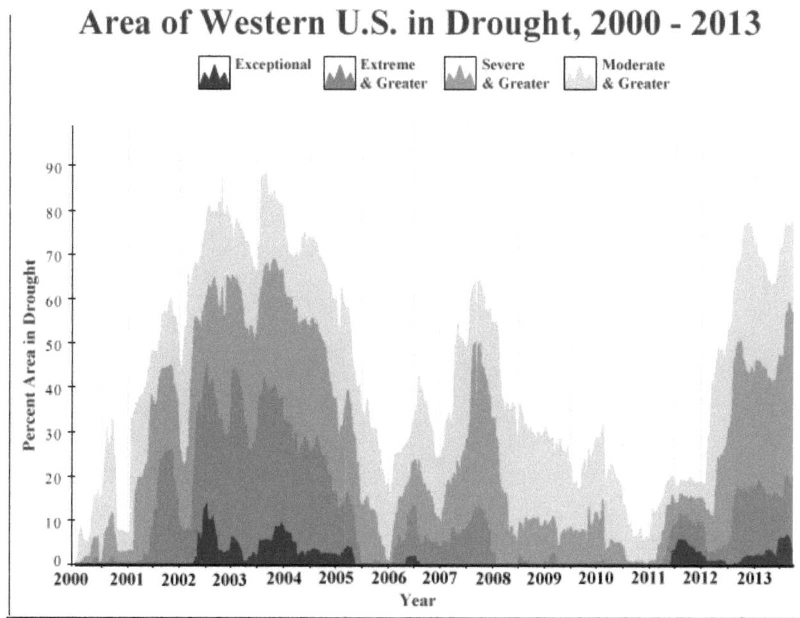

Diagramm 5: Trockenheit West USA 2000-2013

Abbildung 1: Las Vegas Willkommensschild

Abbildung 2: Wasserspiegel Lake Mead

Abbildung 3: Wasserspiegel Lake Mead (Roter Strich zeigt ehemaligen Wasserstand)

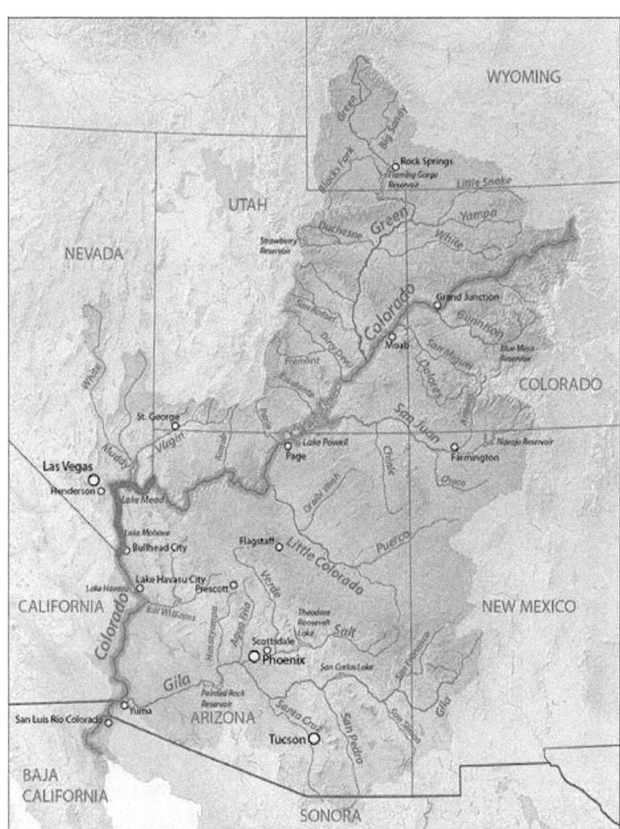

Karte 2: Karte des Colorado River Systems (Rot: Abschnitt von Nevada)

Karte 3: Las Vegas und Umland

Abbildungsverzeichnis

Literaturverzeichnis

Beckett, S. (05. 04 2017). *Casino.org*. Abgerufen am 29. 10 2017 von https://www.casino.org/blog/how-much-power-does-vegas-use/

Bendl, H. (18. 02 2011). *Welt*. Abgerufen am 01. 11 2017 von https://www.welt.de/reise/nah/article12575419/In-Dubai-fallen-bis-zu-25-Tonnen-Schnee-pro-Nacht.html

Brean, H. (23. 03 2017). *Las Vegas Review-Journal*. Abgerufen am 12. 10 2017 von https://www.reviewjournal.com/local/local-las-vegas/clark-county-3rd-in-nation-for-population-gain/

Byrne, K. (03. 05 2014). *Accuweather*. Abgerufen am 18. 10 2017 von https://www.accuweather.com/en/weather-news/las-vegas-casinos-ensure-water/26343278

Davis, R. (21. 01 2017). *USA Today*. Abgerufen am 23. 10 2017 von https://www.usatoday.com/story/news/2017/01/21/western-drought-watchers-eye-lake-mead-water-level/96909144/

Easigrass. (2016). Abgerufen am 01. 11 2017 von http://www.easigrass.com/ae/easigrass-water-conservation-dubai-uae/

Energy Efficiency & Renewable Energy. (20. 10 2017). Abgerufen am 30. 10 2017 von https://energy.gov/eere/articles/energy-department-recognizes-las-vegas-sands-corporation-energy-and-water-efficiency

Expedia. (2017). Abgerufen am 11. 10 2017 von https://www.expedia.de/Las-Vegas-Hotel.d178276.Reise-Angebote-Hotels

Fuhrmann, M. K. (1997). *Las Vegas Diamond in the Desert*.

Gelileo. (19. 03 2014). Abgerufen am 14. 10 2017 von https://www.prosieben.de/tv/galileo/videos/201475-kampf-ums-trinkwasser-in-las-vegas-clip

hotel+energie. (08 2015). *Eine Sonderveröffentlichung der Fachzeitschrift Hotelbau* , S. 5-6.

Hotelmarketing. (09. 11 2015). Abgerufen am 29. 10 2017 von http://hotelmarketing.com/index.php/content/article/hotel_room_size_is_trending_sm aller

ISA-GUIDE. (2014). Abgerufen am 11. 10 2017 von https://www.isa-guide.de/isa-casinos/las-vegas/allgemeine-infos/las-vegas-in-zahlen

Las Vegas Convetion and Visitor Authority. (2017). Abgerufen am 30. 10 2017 von http://www.lvcva.com/stats-and-facts/visitor-statistics/

Las Vegas Then & Now. (2017). Abgerufen am 07. 10 2017 von https://www.lasvegasnevada.gov/portal/faces/wcnav_externalId/oc-then-now?_adf.ctrl-state=5z4np3ig3_4&_afrLoop=2042369307990898

Las Vegas Valley Water District. (2017). Abgerufen am 10. 14 2017 von https://www.lvvwd.com/conservation/measures/index.html

Las Vegas Wash Coordination Commitee. (2017). Abgerufen am 23. 10 2017 von https://www.lvwash.org/html/what_index.html

Mallorcazeitung. (15. 1 2017). Abgerufen am 10. 10 2017 von http://www.mallorcazeitung.es/lokales/2016/12/30/12-millionen-touristen-waren-schon/48135.html

Masters, J. (20. 08 2013). *Weather Underground.* Abgerufen am 23. 10 2017 von https://www.wunderground.com/blog/JeffMasters/unprecedented-cut-in-colorado-river-flow-ordered-due-to-drought.html

McNamee, G. L. (10. 6 2017). *Encyclopedia Britannica.* Abgerufen am 12. 10 2017 von https://www.britannica.com/place/Las-Vegas-Nevada#toc258369

Munks, J. (12. 12 2016). *Las Vegas Review-Journal (2).* Abgerufen am 30. 10 2017 von https://www.reviewjournal.com/news/politics-and-government/las-vegas/city-of-las-vegas-reaches-clean-energy-goal/

National Park Service, Drought. (2017). Abgerufen am 23. 10 2017 von https://www.nps.gov/lake/learn/drought.htm

National Park Service, Sharing the River. (04. 04 2017). Abgerufen am 23. 10 2017 von https://www.nps.gov/lake/learn/sharing-the-river.htm

National Park Service, Source of Water. (04. 04 2017). Abgerufen am 23. 10 2017 von https://www.nps.gov/lake/learn/water-source.htm

National Park Service, The Third Straw. (2017). Abgerufen am 26. 10 2017 von https://www.nps.gov/lake/learn/the-third-straw.htm

Person, D. (22. 09 2015). Abgerufen am 11. 10 2017 von https://www.outsideonline.com/2016686/water-conservation-brought-you-las-vegas

Southern Nevada Water Authority (2). (2017). Abgerufen am 20. 10 2017 von https://www.snwa.com/about/reports_annual.html

Southern Nevada Water Authority. (2017). Abgerufen am 18. 10 2017 von https://www.snwa.com/biz/programs_restaurants.html

Southwest Energy Efficiency Project. (04 2016). Abgerufen am 29. 10 2017 von http://www.swenergy.org/Data/Sites/1/media/documents/publications/factsheets/nv-factsheet.pdf

Trabia, S. H. (2014). *Water Use on the Las Vegas Strip: Assessment and Suggestions for Conservation.* Las Vegas: University of Nevada, Las Vegas.

Widiadana, R. A. (10 2013). *Tourism Watch.* Abgerufen am 01. 11 2017 von https://www.tourism-watch.de/content/wasserknappheit-bali

Wikipedia, List of Las Vegas Strip hotels. (25. 10 2017). Abgerufen am 30. 10 2017 von https://en.wikipedia.org/wiki/List_of_Las_Vegas_Strip_hotels